ÍNDICE

Termo de Responsabilidade   5

Sobre o Autor   6

Como usar este livro   10

Introdução   12

Parte 1   16

1 Como é possível alcançar resultados extraordinários?   17

2 Nem todos os clientes são iguais   20

3 Os 2 modelos de serviços avançados de impressão 3D   28

4 Serviços orientados ao cliente Vs Serviços orientados à qualidad   37

Parte 2   42

1 O seu bem mais precioso é o seu cliente   43

2 Como melhorar a produtividade e o suporte   57

3 O segredo da caixa preta   71

Parte 3   77

1 Como selecionar qual equipamento trará valor para você?   78

2 Como decidir o que fazer ou comprar?   81

3 Vamos em frente   83

International Cataloging Data in the Publication (ICDP)

C972.d   Cunico, Marlon Wesley Machado,

          Como usar Técnicas de acabamento
avançado para aumentar seu valor e multiplicar seu
lucro em 20 vezes / Marlon Wesley Machado Cunico;
Concep3D Pesquisas Científicas Ltda; Curitiba, 2019,

ISBN: 9798656761390

1.Impressoras 3D; 2. Acabamento   3. Tecnologia.
Título

CDD 620

1. Engineering and applications 620

1a Edição - 2020

Printed in Brazil

©2020 by Concep3D, All Rights Reserved

Concep3D Pesquisas Científicas Ltda

298 Pedro Ivo street ap 23

80010-020 Curitiba, Brasil

http://www.concep3d.com

Como usar Técnicas de acabamento avançado para

AUMENTAR SEU VALOR

E

MULTIPLICAR SEU LUCRO EM 20 VEZES

Ultimate guide

SOBRE O AUTOR

Meu nome é Marlon Cunico, nasci em Londrina (1984). Meus pais se mudaram para Curitiba (Capital do Paraná) em busca de uma vida melhor.
Meus pais vieram de uma família humilde, onde apenas meus pais alcançaram a universidade. Como conseqüência, a vida foi difícil e injusta várias vezes.

Meu pai é um homem sábio que se formou em Matemática e Física, apesar de ter que trabalhar em 2 ou 3 empregos diferentes para sustentar nossa família. Além disso, minha mãe trabalhava 60 horas por semana para pagar meus estudos e do meu irmão.

Estudei o máximo possível, porque não podíamos pagar uma universidade particular. Portanto, fui aceito em uma das mais prestigiadas universidades de engenharia do Brasil no ano anterior ao término do ensino médio.

Após 7 anos, terminei Graduação e Mestrado em Engenharia e em seguida obtive meu Ph.D. em Robótica e Manufatura Avançada.

Em 2011, eu trabalhava no departamento de inovação e engenharia de uma das maiores indústrias automotivas do mundo.

Anos antes, comecei a trabalhar com as tecnologias de prototipagem rápida (que se tornam impressão 3D depois de algum tempo). Fiquei tão fascinado com essas tecnologias incríveis que **inventei e patenteei um novo processo até o final do meu mestrado**. Eu havia percebido que essas tecnologias mudariam o mundo como sabíamos. Eles mudaram de fato e, 9 anos após esse momento, vários pesquisadores e especialistas indicam que as impressoras 3D impulsionam a quarta revolução industrial.

Portanto, tomei uma das decisões mais difíceis da minha vida. Eu fundei minha primeira empresa. O principal objetivo dessa empresa era produzir protótipos e lotes de produção em baixa escala aplicando tecnologias de impressão 3D.

Incrível, não é? Isso está certo.

Mas em 2013, a maior popularização das tecnologias de impressão 3D aconteceu e milhares de entusiastas da impressão em 3D chegaram exatamente à mesma conclusão que eu tinha antes.

Começamos a jogar usando as ferramentas que grandes empresas (principalmente fabricantes de impressão 3D) vendiam para nós. Otimizamos os parâmetros de impressão 3D, usamos e desenvolvemos câmaras fechadas e alcançamos resultados de impressão 3D inacreditáveis.

Mas ainda tinha apenas um problema ....

As coisas pareciam uma montanha-russa. Parte dos clientes que entenderam os fundamentos da impressão 3D concordaram com nossas entregas. Mas grande parte dos clientes que não se importavam com as técnicas de impressão 3D e seus parâmetros estavam extremamente descontentes com os resultados que, de maneira geral, foram excelentes.

Vi cerca de 82% das empresas fecharem suas portas e decidi dedicar minha carreira de pesquisa à fabricação avançada.

Percebi que todo mundo estava jogando com regras erradas, definidas por grandes corporações que só queriam vender suas máquinas. As ferramentas fornecidas eram obsoletas e visam validar as vantagens de seus equipamentos em relação aos concorrentes.

Então, começo a desenvolver uma diretriz que mapeia os clientes e garante resultados adequados para eles. Este foi o momento em que a mesa começou a virar.

Hora da virada

Fui professor e pesquisador na Universidade, além de gerente de empresa. Então, **lancei uma nova pesquisa** que buscava investigar a **produtividade e as técnicas de acabamento das tecnologias** de impressão 3D e das tecnologias clássicas.

Identificamos que as tecnologias de impressão 3D podem ser mais produtivas que as tecnologias clássicas. Mas **mudanças severas foram necessárias** para serem implementadas, a fim de alcançar um resultado tão surpreendente.

Começamos a coletar, modificar e desenvolver diferentes técnicas de manufatura enxuta, técnicas Toyota, Six Sigma, tecnologias de código aberto, joias, fundição e fundição, entre outras.

Como resultado, minha empresa sobreviveu à tempestade, **aumentou os lucros em 50 vezes** e obteve mais de US $ 500 mil em fundos e projetos por ano.

Depois de resolver a ameaça mais perigosa da nossa empresa. Eu tenho visto o mesmo problema repetidamente, matando milhares de empresas hoje em dia. Por isso, decidi compartilhar e ensinar outras pessoas e empresários sobre o que eu trabalhava para mim.

Em vários eventos, as pessoas aprenderam como mudar de idéia e melhorar seus serviços para outro nível.

Agora, meu objetivo é levar essa mensagem para o maior número possível de pessoas. E por esse motivo, estou compartilhando a essência das melhores práticas deste livro.

SEJA OUSADO, FAÇA ACONTECER!!!!!

→ Um passo além

A história é uma coisa complicada. Eu fiz o que era possível resumir o meu aqui. Mas se você quiser saber mais sobre como tornar as coisas impressionantes, acesse:

www.makeitstunning.com

COMO USAR ESTE LIVRO

Seu aprendizado e auto-desenvolvimento são diretamente proporcionais à energia, foco e imersão nos assuntos que você deseja aprender. Não é apenas uma observação válida para técnicas avançadas de fabricação e acabamento, mas também para tudo o que você pretende aprender.

Portanto, uma das coisas que você precisará fazer é criar seu "mundo próprio", onde na maioria das vezes você respirará praticamente o desenvolvimento de produtos, tecnologias avançadas de fabricação e impressão 3D.

Este livro será o seu guia central, mas leia boa parte dele e passe o resto do dia assistindo à TV não vai ajudar muito. Você precisará de mais controle sobre as informações de entradas que está manipulando, principalmente quando terminar este livro e começar a aplicar estratégias em seus negócios.

Gostaria de compartilhar algumas dicas para facilitar seu processo de imersão no universo do empreendedorismo:

1. Um passo a mais

Tire um tempo para se tornar um supervisor! Assista aos vídeos complementares que preparei para você expandir seus conhecimentos. Nelas, conto a minha história e o que me trouxe aqui, comente trechos do livro, dou exemplos e muito mais!

2. Faça Resumos

Tente ler com calma e resumir o conteúdo principal em um caderno. Faça de tal maneira que você possa explicar o conteúdo aprendido para outra pessoa.

3. Inscreva-se no Yube channel

https://www.youtube.com/channel/UC8QFph7-R2YERpN5cE-Al1Mw

Lá, você encontrará excelentes vistas do mundo da fabricação avançada.

4. Siga no Instagram

https://www.instagram.com/concep3D

Comprimidos diários de sabedoria e nos bastidores da vida cotidiana, um empreendedor.

5. Inscreva-se no grupo de newsletter

Para você que é fã de conteúdo de áudio, procure Marlon Cunico em seu aplicativo de podcast favorito.

6. Crie grupos de estudo

Consulte este livro para outras pessoas e forme um grupo de estudos. Discutir o conteúdo do livro com amigos, colegas e pessoas próximas ajuda você a ir além. Lembre-se: se você quer ir rápido, vá sozinho, caso contrário, se você quiser ir longe, vá acompanhado.

2. Como implementar estratégias orientadas à qualidade para medir e satisfazer seu cliente

Nesta parte do livro, explicarei como criar uma estratégia orientada para a qualidade em uma orientação passo a passo. Essa estratégia funciona incrivelmente para aqueles que têm experiência ou estão começando do ponto zero.

Você quer saber por que essa estratégia é tão extraordinária? Porque permite que você:

- Otimize seu tempo de trabalho
- Entregue um produto preciso, preciso e de alta qualidade
- Melhore as características que são realmente relevantes para seus clientes
- Aumente seu valor de acordo com a satisfação do seu cliente
- Crie métricas para sempre alcançar o desempenho máximo do ponto de vista do cliente
- Aumente seus lucros - muito

Bem, você sabe por que organizei este livro dessa maneira? Porque, embora você ainda não tenha seu próprio escritório de impressão 3D, a melhor coisa a fazer agora é aprender estratégias de fabricação que realmente funcionam.

Imagine uma coisa: se você não sabe ver as necessidades do cliente, fabrique objetos excelentes ou crie produtos de alto valor; Apenas dar a você a estratégia mágica em um prato de prata não fará absolutamente nenhum sentido. Porque você não poderá sair de onde estiver.

Por outro lado, o que mostro neste livro é tão poderoso que, tenho certeza, será quase impossível ignorar esses novos projetos e design, mesmo que você já possua o seu.

Eu tenho incontáveis estudos de caso de pessoas que criaram novas unidades de negócios ou direcionaram seus negócios a essa nova estratégia, depois de descobrirem o que vou ensinar.

Eu realmente acredito que o conteúdo deste livro pode transformar sua maneira de projetar e fabricar produtos na impressão 3D. Eu digo isso porque esse conteúdo transforma minha empresa e milhares de pessoas que mentorei durante os anos.

Portanto, **é muito importante que você consuma o conteúdo deste livro na sequência em que ele é apresentado a você.**

Acredite em mim, passo muitas horas para encontrar a melhor maneira de apresentar as melhores práticas mundiais que lhe são apresentadas para que você possa **consumir, aprender e aplicar da maneira mais eficiente possível.**

Além disso: **leia, aprenda, aplique e diga às pessoas ao seu redor!**

◆ ◆ ◆

PARTE 1

QUAL É O TIPO DE QUALIDADE (PRODUTO OU SERVIÇO) QUE O SEU CLIENTE VÊ?

◆ ◆ ◆

1 COMO É POSSÍVEL ALCANÇAR RESULTADOS EXTRAORDINÁRIOS?

Os resultados obtidos por pessoas que aprenderam as melhores práticas que você aprenderá neste livro são extraordinários! O melhor de tudo é que acredito sinceramente que qualquer pessoa realmente comprometida em aprender e aplicar as estratégias propostas neste livro receberá boas recompensas.

Não o identifico por intuição, mas de acordo com mais de 2000 estudos de caso que cataloguei de cientistas, engenheiros, entusiastas, empresas que implementaram parcialmente ferramentas e estratégias que ensino neste livro.

> "Insanidade: fazer a mesma coisa repetidamente e esperar resultados diferentes."
>
> Albert Einstein

Como conseqüência, muitos deles relataram aumento de valor mais de 20 vezes, sendo um resultado extraordinário.

No entanto, não estrague os resultados. Resultados como este na primeira campanha são anormais. A estratégia proposta tende a ser mais uma transformação da filosofia da empresa. Nesse caso, vamos chamá-lo de **transformação centrada no cliente**.

O que quero dizer com isso?

Quero dizer que nem todos alcançarão esse tipo de resultado.

Você sabe por quê?

Porque, embora seja possível, não é fácil fazer o que é necessário para alcançar esses resultados. Neste livro, vou dar o mapa e apontar a direção

No entanto, o esforço e a dedicação para estudar, aprender e aplicar as ferramentas dependem inteiramente de você.

Como diz o velho provérbio: **"Você pode levar um cavalo à água, mas não pode fazê-lo beber".**

E, infelizmente, nem todo mundo está disposto a fazer sua parte, entrar em campo e não desistir da primeira pedra de tropeço ou obstáculo.

Ler este livro e continuar sentado na cadeira, sem fazer nada, não fará com que os resultados apareçam magicamente para você.

Mas se você tiver vontade suficiente para arregaçar as mangas e ir para o combate, este livro fornecerá o caminho que muitos já seguiram para chegar lá.

Então, agora que todas as cartas estão sobre a mesa, como é possível obter resultados extraordinários?

Clientes experientes em impressão 3D (3DP EC)

O 3DP EC possui 3 principais benefícios:

- Eles sabem exatamente o que desejam sobre os serviços de impressão 3D
- Eles sabem o que esperar em termos de rugosidade, acabamento, distorção e força da dimensão
- Eles normalmente conhecem os parâmetros de impressão 3D e preparam STL e suportes na direção em que se espera que sejam impressos.

Para esse cliente, você não precisa se esforçar para convencer sobre os maravilhosos benefícios da impressão em 3D. Normalmente, você nem precisa procurá-las, porque elas estão sempre procurando novas tecnologias e novos avanços no campo da impressão 3D.

Como conseqüência, a estratégia de fabricação e o pós-processamento são minimizados, pois eles já conhecem o aplicativo no qual aplicarão o objeto de impressão 3D. A rugosidade e a resistência são bem conhecidas e você não precisa se esforçar para descobrir como satisfazer as necessidades deles.

É exatamente por isso que a maioria dos serviços de impressão 3D se mata pela ponta do iceberg. Portanto, é aí que seus concorrentes estão trabalhando duro para roubar seus clientes. Portanto, isso o levará a competir em preço, reduzindo sua margem de lucro e comprometendo seu relacionamento com todos os outros clientes em potencial.

Assim, o 3DP EC tende a ter três grandes desvantagens:

- alta competição
- Falta de lealdade
- Pequena gama de margens de mercado e lucro

Em outras palavras, eles levam seus negócios a um oceano vermelho. Portanto, se o seu segmento de serviço ainda for pequeno, sem concorrentes, você obterá resultados muito interessantes atendendo a esse tipo de cliente.

Por outro lado, segmentos em que a concorrência é alta forçam você a se diferenciar ou sair. É provável que ambos os casos ocorram e já tirou cerca de 80% das empresas do jogo desde 2013.

Portanto, ensinarei como se aprofundar para alcançar o segundo tipo de cliente.

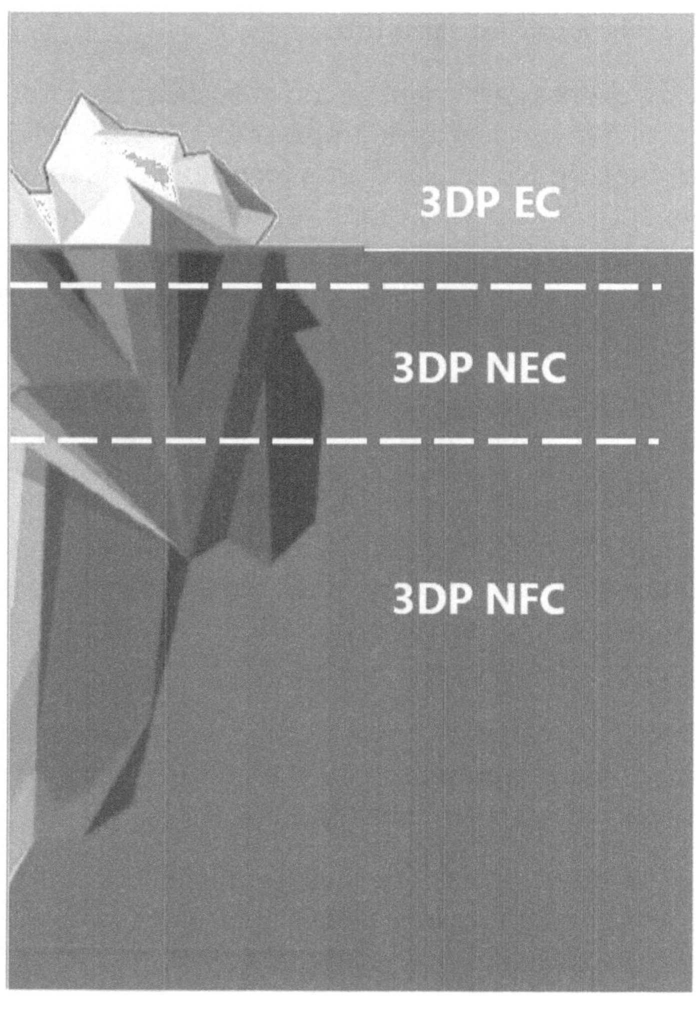

Clientes não experientes em impressão 3D (3DP NEC)

Qual é a principal característica do 3DP NEC?

- Eles acreditam e têm convicção de que precisam de serviços de impressão 3D. No entanto, eles não sabem nem como a impressão 3D funciona nem quais objetos devem ser entregues.
- Eles são motivados pela impressão 3D e conhecem os designs dos seus produtos.

Esse tipo de cliente geralmente é um entusiasta da impressão 3D que acredita que os objetos de impressão 3D são "Perfeitos". Em geral, são profissionais que utilizam tecnologias de impressão 3D para aceleração do desenvolvimento, validação de projetos, protótipos e maquetes, modelos de arquitetura e para marketing e publicidade. Além disso, médicos e dentistas também estão incluídos nesse tipo de cliente.

É possível ver que, para cada 3DP EC, podemos encontrar 20 3DP NEC. E torna a segunda parte do iceberg 20 vezes maior que a ponta do iceberg.

Assim, o segredo mágico é encontrar a estratégia que alcançará esses clientes. Obviamente, as ferramentas usadas para o primeiro tipo são completamente diferentes das ferramentas usadas para o segundo tipo de clientes.

Vamos fazer uma ilustração: para encontrar pedras na ponta do iceberg, nenhum equipamento de mergulho é necessário. Nesse caso, você nem precisa saber nadar.

Agora, no segundo pedaço de iceberg, são necessárias algumas técnicas. Você terá que saber nadar e, às vezes, usar máscara de mergulho para alcançar rochas submersas.

Está bem. Quais técnicas posso usar para fornecer produtos de alta qualidade para esse tipo de cliente? Mostrarei essas ferramentas mais adiante neste livro. Além disso, eu lhe digo antecipadamente que essas técnicas são simples, mas difíceis.

Como isso é possível? Você deve estar se perguntando.

Eu vou explicar para você. Imagine que você deseja treinar para correr uma maratona. Isso é muito simples, porque existem muitos aplicativos que podem ajudar a saber o que é necessário. No entanto, não é fácil, não é? É muito difícil, porque você terá que gastar bastante energia, dedicação e tempo no treinamento para se preparar para correr a maratona.

Vamos dar uma olhada nas vantagens do 3DP NEC:

- Eles são encontrados em larga escala
- Há menos concorrentes lutando por eles
- Portanto, o preço começa a não ser o rompimento do negócio e você pode aumentar suas margens de lucro para investir nos seus negócios (mão-de-obra, equipamentos, tecnologias, etc.)

Por outro lado, quais são as desvantagens do 3DP NEC?

- Você precisará de técnica e energia de alto perfil para identificar, materializar e entregar o que eles querem

Tudo bem, aqui você pode ver que existem distúrbios e barreiras que o perturbam no processo. Então, se você quiser mergulhar mais fundo e explorar a maior parte desse iceberg, as coisas ficarão ainda mais difíceis.

Caso você pretenda alcançar um grupo inacreditável de clientes, vamos aprofundar e entender o terceiro tipo de clientes.

Clientes não familiares de impressão 3D (3DP NRC)

O que atrai um cliente que não está familiarizado com impressoras 3D?

- Ele precisa fabricar e validar seu design, mas eles não têm idéia de como fazê-lo
- Eles não estão procurando serviços de impressão 3D

Existem pessoas que precisam cuidar de sua saúde, mesmo que não saibam o que é necessário para fazê-lo. Da mesma forma, existem pessoas que precisam de impressão 3D, fabricação avançada e acabamento avançado para validar, lançar e vender seus produtos, mas ainda não sabem o que precisam.

Nesse caso, cada cliente da ponta do iceberg (a primeira parte que todo competidor mata) corresponde a 50 3DP NFC.

Quais são os benefícios do 3DP NFC?

- São encontrados em escala ainda maior (50 -3DP NFC por cada 3DP EC)
- Este segmento tem ainda menos concorrentes
- Portanto, como sua empresa será direcionada pelo valor que o cliente vê, você poderá aumentar suas margens de lucro até um custo justo

Como o 1º e o 2º tipo de clientes, o 3DP NFC também tem suas desvantagens:

Você precisará aplicar ainda mais energia, paciência e técnicas de alto perfil para alcançá-las

Bem, falando pela experiência de quem descobre uma estratégia que realmente funciona, eu sempre viso o 3DP NEC e o 3DP NFC. Além dos momentos em que não há concorrentes, quase nunca questiono o 3DP EC, porque esses momentos são raros.

É incrível conversar com o 3DP NEC ou o 3DP NFC porque, nesta zona, não tenho concorrentes. Além disso, posso oferecer soluções disruptivas, deixando os clientes extremamente felizes, oferecendo técnicas adequadas e obtendo enormes margens de lucro.

Agora que você sabe como alcançar esses dois tipos de clientes (3DP NEC e 3DP NFC), precisará entender os dois modelos de serviços avançados de impressão 3D.

médio porte, não pode gastar muito dinheiro com esse investimento. Assim, você deve evitar o glamour de empresas como a GE.

Está bem. Você estava imaginando: eu só quero comprar algumas impressoras 3D e começar a vender objetos? É diferente dos serviços técnicos de marca, não é?

Infelizmente, é exatamente o mesmo. O foco está no elemento técnico (algumas impressoras 3D) e quando você percebe que se torna uma bola de neve que o atraiu a um preço tão baixo que você não pode pagar os custos fixos da sua empresa.

Portanto, você precisa ser mais eficiente a partir do ponto zero. Os serviços orientados ao cliente são a resposta inteligente para esse dilema.

Por favor, não me entenda mal. Não estou dizendo que o serviço técnico da marca não funcione. Funciona em dois cenários. 1) A longo prazo, depois de continuar gastando muito dinheiro sem expectativas de retorno. 2) Em muito curto prazo, sem concorrentes.

No entanto, nenhum desses casos se encaixa na maioria das empresas, pequenas e médias empresas. Na minha opinião, iniciar um negócio de impressão 3D exige que você trabalhe duro para garantir que cada centavo investido se torne um ROI positivo de forma sustentável.

E como você pode fazer isso?

Para entender melhor como você implementa isso, você precisará entender o que são serviços orientados ao cliente.

"Qualidade não é o que acontece quando o que você faz corresponde às suas intenções. É o que acontece quando o que você faz corresponde às expectativas de seus clientes. "

Guaspari

Serviços orientados ao cliente

Nessa abordagem, o equipamento e os elementos técnicos não são tão importantes quanto o impacto que seu produto / serviço causa nas expectativas do cliente. Portanto, é possível dizer que a parte mais importante dessa abordagem é colocar o cliente no palco, em vez de equipamentos.

Assim, a métrica dessa abordagem é diretamente direcionada pelo retorno dos investimentos (ROI). Em outras palavras, a idéia principal desse conceito é identificar quanto o cliente está disposto a pagar em excesso por causa do resultado final do seu serviço. Nesse caso, chamaremos de **valor percebido**.

Nos serviços direcionados ao cliente, você pode medir e correlacionar diretamente o **investimento** e o **valor percebido**.

Vou exemplificar isso usando uma experiência pessoal. No meu primeiro negócio, investi US $ 100,00 até US $ 100.000,00 e obtive ROI positivo.

Você quer saber como eu fiz isso?

Eu criei um ciclo virtuoso de investimento que funciona desta maneira:

Passo 1

Identifique diferentes recursos de fabricação que excitam seu cliente (recursos de geração de valor)

Mapeie coisas (recursos) que as pessoas gostam em produtos comerciais exclusivos, como textura, tátil, polimento, peso, forma, cor, material, etc.

Na primeira vez, escolha 2 ou 3 recursos muito simples de implementar. Observe que o principal objetivo das primeiras interações não é gerar receita, mas entender como funciona.

Para identificar esses recursos, você pode usar amigos, clientes e completos estranhos. Observe que você não precisa de uma pesquisa de marketing para identificar essas características.

Comecei em uma loja de eletrodomésticos em um shopping center. Imagine a situação, pretendo analisar alguns produtos enquanto ouvia outros clientes falarem sobre produtos. Depois disso, eu (falso) reclamei dos mesmos recursos (falei antes) e identifiquei a reação. A reação que as pessoas tiveram foi defender sua ideia (produto) e muitas vezes expõe o valor percebido oculto do cliente.

No meu caso, comecei com 3 recursos (capa metálica, acabamento com jateamento e acabamento com polimento). Para muitas pessoas, esses recursos são muito avançados, para outros, não. Enfim, eu estava confortável em desenvolver esses recursos na época.

Passo 2

Estipule um orçamento de investimento para aumentar nosso serviço orientado ao cliente.

Como essa abordagem visa medir lucros, receitas e resultados. A definição de um orçamento o torna realista e tangível, em vez de um programa de P&D não reembolsável.

No meu caso, o primeiro investimento que fiz foi de US $ 100 (US $ 33 por recurso). Certamente, pode ser demais para alguém, enquanto não é grande coisa para outros. Foi um valor aceitável para mim naquele momento. Além disso, a coisa mais importante a ser feita nesse caso é definir um orçamento para iniciar o processo.

Portanto, recomendamos que você defina um orçamento pequeno nas primeiras rodadas.

Passo 3

Implemente técnicas que sejam compatíveis com seu orçamento e gere valor percebido

Nesse caso, a maioria dos recursos pode ser implementada por técnicas simples ou avançadas, que consequentemente custam quantias diferentes.

Nas primeiras interações, use pequenos orçamentos porque o objetivo principal é identificar os recursos percebidos (recursos que aumentam o valor que o cliente está disposto a pagar em excesso).

Passo 4

Meça o impacto dos recursos

Nesta etapa, você perceberá que alguns recursos implicam em melhores resultados que outros. Em outras palavras, significa que cada recurso causa um ROI diferente.

Portanto, indica a primeira direção no caminho do aumento do valor percebido.

Passo 5

Redirecione o investimento / energia dos piores recursos para os melhores desempenhos

Usando uma métrica (valor / orçamento percebido), você pode classificar os recursos com melhor desempenho. Assim, corte o último lugar e aumente o investimento em primeiro lugar.

Passo 6

Aproveite a parte do lucro obtido nas etapas anteriores e aumente seu orçamento para o Atendimento ao Cliente

No meu caso, investi US $ 100 e implementei em produtos que retornavam US $ 300. Então, separo US $ 200 e adiciono no meu próximo orçamento. Como conseqüência, o próximo orçamento soma US $ 300 para desenvolver e novos recursos de valor.

Passo 7

Repita as etapas anteriores com orçamento maior

Antigamente, eu repetia todas as etapas usando o novo orçamento (US $ 300). E acredite, gera lucro de US $ 1000, no momento.

As etapas 6 e 7 podem parecer óbvias, mas você quase cairia da cadeira se percebesse quantas pessoas não seguem essas etapas.

Apenas para ilustrar isso para você. Um dia eu conheci um aluno meu. Ele fazia parte de um curso que eu leciono chamado Make It Stunning. Ele me disse que havia investido mais de US $ 200 em algumas estratégias que devolveram US $ 2000.

Ótimo, não é? Claro!. Então você imagina que ele se aproveitou desse grande desenvolvimento e aumentou seu orçamento. Errado! Ele usou exatamente os mesmos US $ 500 que o orçamento do próximo desenvolvimento.

Na minha opinião, foi um erro estratégico clássico. No entanto, os serviços orientados ao cliente mestre não são suficientes para conectar o 3DP NEC e o 3DP NFC. Para isso, você precisará entender outra estratégia, o **serviço orientado à qualidade**.

1)   Melhorar os recursos percebidos
2)   Melhorar suporte e produtividade
3)   Melhorar serviços, pré-serviço e pós-serviço

Está bem. Agora, por que isso muda o jogo?

Como no caso anterior (Branding), alguém solicita um objeto para você com especificações fechadas / abertas e o que aconteceu se parece com isso:

-Aqui está o STL. Impressão em **PLA, altura de 0,1 camadas, bico 0,2 mm** ……..

-Aqui está o seu objeto, como você pediu

-Está bem. Isso está mais ou menos. Tchau.

Infelizmente, essa abordagem não trouxe um bom ROI. Então, tivemos que investir no equipamento, otimizar máquinas, atualizar sensores e investir em infraestrutura. Depois de trabalhar duro e apresentar uma nova solução para o cliente. O que aconteceu é assim:

-Aqui está o STL. Imprima em **PEEK, altura da camada de 0,05, bico de 0,1 mm** ……..

-Aqui está o seu objeto, como você pediu

-Está bem. Isso está mais ou menos. Tchau.

Essa abordagem pode funcionar bem para o 3DP EC (cliente experiente em impressão 3d), que já sabe qual é o objetivo do objeto e os parâmetros de impressão 3D que são suficientes para eles. Esse tipo de cliente geralmente prefere que você adote essa abordagem. Além disso, eles têm suas próprias impressoras 3D em muitos casos.

No entanto, essa abordagem não funciona para o 3DP NEC (clientes não experientes na impressão 3D) e o 3DP NFC (clientes não familiares na impressão 3D). A pior parte é que esses clientes geralmente odeiam a abordagem da marca técnica.

Ao aplicar serviços orientados à qualidade, você constrói um forte relacionamento com clientes atuais e potenciais. Nesse caso, você entrega em excesso ao seu cliente sem cobrar um centavo.

Outro ponto interessante disso tudo é o fato de que os serviços direcionados à qualidade aumentam a qualidade percebida em apenas três etapas, além de criar outro ativo muito importante: parceiros diretos e indiretos.

Bem, por que esse tipo de abordagem funciona tão bem?

Para um melhor entendimento, lembre-se dos três tipos de clientes

- Clientes experientes em impressão 3D - 3DP EC
- Clientes não experientes em impressão 3D - 3DP NEC
- Clientes que não conhecem a impressão 3D - 3DP NFC

Você também se lembra que cada 3DP EC corresponde a 20 3DP NEC e 50 3DP NFC?

Assim, os serviços direcionados à qualidade visam exatamente a parte do 3DP NEC e 3DP NFC.

Isso acontece porque esses clientes não querem fabricar o objeto de maneira correta. Eles querem que você os ajude a desenvolver e lançar suas IDEIAS.

Eles não querem gastar dinheiro com o trabalho que você coloca nas idéias deles no começo. Mas, depois de ajudá-los a amadurecer a idéia? ou Depois de ajudá-los a criar um recurso impressionante, como uma textura tátil, que transformará a ideia deles no produto? Ou mesmo Ou mesmo depois de confiarem em sua competência, habilidades de produtividade, organização e criatividade?

Somente depois de construir esse relacionamento com o cliente, você entenderá a necessidade e a expectativa deles. E quando decidem fabricar, eles não produzem um objeto impresso em 3D (barato, quebradiço e não vale a pena). Eles fabricarão um Produto (mais caro, robusto e relevante e mais valioso) que ocorre para ser produzido na impressão 3D (no início).

Vou dar um exemplo disso para você entender melhor.

Imagine a imagem:

O dono de uma loja contrata um pintor gênal (um gênio no nível de DaVinci ou Rafael) para ajudá-lo a pintar sua loja.

Antes de começar, o homem dá ao pintor a planta marcando exatamente qual é a cor e a tinta que o pintor deve usar.

A mudança do homem que está satisfeito é estatisticamente mínima. Porque ele contratou um gênio que entregou um trabalho que ele próprio poderia fazer.

Uma maneira melhor de obter sucesso em um caso como esse seria:

O pintor genial ajuda o dono da loja a entender os conceitos arquitetônicos

Depois de identificar as expectativas e necessidades do homem, o design é completamente elaborado. Como conseqüência, o plano do produto é criado e os benefícios do conceito são significativamente melhores do que a primeira ideia bruta e abstrata desde o início.

Portanto, o dono da loja pode contratar o pintor para fazer o design sem hesitar. O pintor produz uma obra-prima que fará o dono feliz.

Isso faz sentido para você?

Se faz sentido, espere, porque agora vamos aprender tudo sobre a qualidade percebida.

COMO IMPLEMENTAR A ABORDAGEM DE SERVIÇOS ORIENTADO À QUALIDADE

◆ ◆ ◆

1 O SEU BEM MAIS PRECIOSO É O SEU CLIENTE

É interessante notar que tanto os serviços direcionados ao cliente quanto os serviços de qualidade colocam o cliente como uma peça importante de uma bela máquina complexa.

A coleta de dados dos clientes é uma excelente ferramenta para orientar seus próximos passos na qualidade percebida e decidir como priorizar seus investimentos.

Clientes não controlados

Esse tipo de cliente é muito interessante e, como qualquer outro cliente, eles investem na sua empresa. Eles acreditam no seu trabalho e às vezes têm pedidos periódicos.

O problema desse tipo de cliente é o fato de eles não compartilharem informações e não quererem que você entenda as necessidades deles e os ajude a criar produtos.

Eles têm o controle do relacionamento sobre você. Além disso, eles podem até mudar para outro concorrente sem hesitar.

Em outras palavras, o risco que você enfrentará diante desse cliente é alto. Portanto, recomendo que você mantenha esses clientes em execução enquanto desenvolve um novo relacionamento que eu pretendia aumentar a confiabilidade tem as características dimensionais / mecânicas como suas principais prioridades. Imediatamente após implementar essa política, eles mudaram o comportamento e começaram a discutir abertamente o design e os projetos com nossa equipe.

Ganhe a confiança de quem você quer ser parceiro.

Conformidade é a característica que os CEs do 3DP mais gostam. Está relacionado à precisão e à semelhança do objeto físico do design e do modelo 3D.

Nesse caso, é importante garantir uma conformidade adequada. Mas a busca de uma grande conformidade geralmente implica em equipamentos, treinamento e investimento de mão-de-obra.

Nesse caso, você deve perceber que a maioria dos 3DP NEC e 3DP NFC não se preocupa com conformidade, mas com desempenho.

Além disso, clientes controlados compartilham responsabilidade com você, dando a você a oportunidade de ajustar o design para absorver tolerâncias e erros de fabricação.

A **durabilidade** é um fator altamente aprimorado em custo e preço. Esta dimensão descreve quanto tempo ou quanto o produto levará.

Nesse caso, nada é eterno, mas a coisa descartável parece barata na mente do cliente.

Portanto, você terá que encontrar o equilíbrio entre os níveis descartáveis e os eternos.

O que eu recomendo aqui é começar com materiais descartáveis, configurações e acabamentos ruins nas tentativas internas. E use bons materiais e práticas no exterior (mostrando ao cliente).

Nunca permita que seu cliente faça uma tentativa ruim (protótipo), mesmo no início de seu desenvolvimento.

Mais informações podem ser encontradas nos livros de resistência do material (muito técnicos) ou no livro Torne-o impressionante.

Estética é a dimensão que faz brilhar os olhos de todos. Nesta dimensão, a primeira coisa que você imaginou é uma superfície polida.

Obviamente, alguém que também esteja familiarizado com as técnicas de impressão 3D também dirá. Use acetona ou metil etil cetona (MEK) em um objeto ABS.

Com 15 anos de experiência no segmento de impressão 3D e sendo vencedor do prêmio internacional de melhor pesquisa em impressão 3D, afirmo que é um erro de novato.

Vou explicar isso para você entender. Não sou contra o ataque de vapor de solvente (como o vapor de acetona). Estou dizendo que a maioria dos clientes não gosta. Eles estão procurando inovação e combinação de sentidos. E como existem infinitos tipos de acabamentos, materiais, texturas, técnicas e elementos táteis, a mente e a mente do cliente podem voar livremente e criar um recurso de textura exclusivo que tornará o produto do cliente especial.

Facilidade de manutenção é a dimensão que indica a facilidade com que o produto deve ser reparado ou reparado.

É interessante notar que, apesar da importância dessa dimensão. Posso dizer por experiência que a maioria dos clientes não se preocupa com essa dimensão da qualidade nos estágios do desenvolvimento do produto.

No entanto, um design adequado do produto com várias peças, além de juntas, elementos de fixação, encaixes de encaixe, faz a diferença entre projetos amadores e profissionais.

Muitas recomendações sobre esse assunto podem ser aprendidas nos livros de design de máquinas. Isso ajudará você a ter idéias sobre sistemas de conexão.

A **percepção** dessa dimensão é a dimensão mais importante na maioria dos casos. Essa dimensão também pode ser chamada de dimensão Uau.

Agora é o momento em que você usa todo o conhecimento poderoso sobre o seu cliente e o coloca no produto. Fabricar itens personalizados para seus clientes faz com que eles se sintam importantes e especiais.

Além disso, essa dimensão é amplamente abordada pela abordagem de corresponsabilidade, na qual você ajuda seu cliente a projetar o produto.

Essa é uma das razões pelas quais um relacionamento sólido com seu cliente é tão importante.

"Se seus clientes gostam de você (seus serviços), o que você faz agradará facilmente.

Se o seu cliente não gostar de você (seus serviços), qualquer trabalho que você fizer não os agradará."

Ok, agora que você aprendeu quais são as 8 dimensões da qualidade, como cada dimensão pode ser usada a seu favor?

Um dos métodos mais comuns para colocar em prática é o mapa de 8 dimensões. Nesse mapa, é possível avaliar o efeito do recurso em seus clientes.

Esse método é uma ferramenta poderosa para identificar o quão bom é o impacto de um recurso desenvolvido em seu cliente, e você pode fazê-lo em três etapas.

Passo 1

Portanto, você avalia quanto seu cliente valoriza cada uma das 8 dimensões em uma escala de 1 a 5.

Passo 2

Analise o valor do recurso ou produto de acordo com cada uma das 8 dimensões em uma escala de 1 a 5.

Passo 3

Encontre o coeficiente de impacto multiplicando os valores de recursos e clientes.

Valores acima de 9 indicam que o recurso causará uma boa impressão nos seus clientes nessa dimensão. Valores menores que 9 provavelmente serão ignorados.

Por exemplo, uma vez que implementei um novo acabamento texturizado emborrachado como parte do novo desenvolvimento do design do cliente. Avaliei um 3DP NEC que visava à prova de um conceito de design.

Nesse caso, as características mais fortes do recurso que eu estava implementando eram estéticas e de recurso.

Depois de mapear o cliente e o recurso, pude prever que a percepção do cliente sobre o produto seria Recurso estético e Percepção.

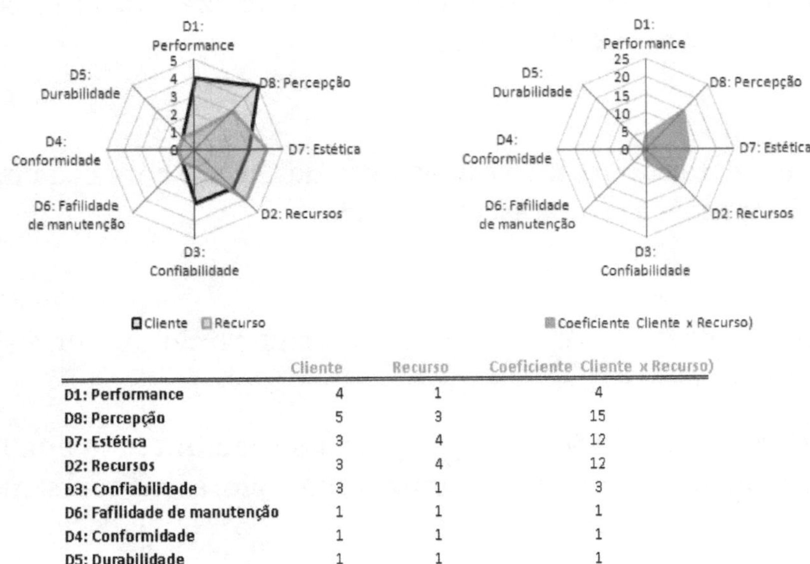

	Cliente	Recurso	Coeficiente Cliente x Recurso)
D1: Performance	4	1	4
D8: Percepção	5	3	15
D7: Estética	3	4	12
D2: Recursos	3	4	12
D3: Confiabilidade	3	1	3
D6: Fafilidade de manutenção	1	1	1
D4: Conformidade	1	1	1
D5: Durabilidade	1	1	1

Então, o que isso significa?

A entrega de um objeto impressionante em termos de estética e tato, que diferenciam seu produto de suas experiências passadas, alcançaria 12 vezes mais impacto do que fabricaria um objeto perfeito em termos de dimensões e força.

Bem, você pode ver facilmente que 8 dimensões podem implicar em muitas características qualitativas, características com que não podem ser contadas ou medidas em números.

Por exemplo, você avalia um cliente que indica que ele deseja que seu produto / objeto seja lindamente brilhante. Certamente, você identificou que ele considera estética e característica as dimensões mais importantes da qualidade.

Mas, quão brilhante deve ser seu objeto?

Se você acertar uma vez, como pode repetir o resultado? Como você pode medir quando pode parar?

Para quantificar essas incontáveis características (qualitativas), mostrarei a ferramenta que revolucionou a indústria automotiva: Quality Function Deployment (QFD).

Casa da Qualidade (QFD – Quality Function Deployment)

Essa ferramenta é uma das abordagens mais úteis para conectar análises de marketing e especificações técnicas. Ele correlaciona as necessidades e expectativas dos clientes e as características técnicas do design.

Em outras palavras, esse método indica que, **brilhantemente bonito** pode ser **medido por rugosidade e refletância**, enquanto pode ser **alcançado por tratamentos de superfície** (como ataque químico, ataque térmico, revestimento, envidraçamento, entre outros).

ente, pude correlacionar o recurso de design e as expectativas do cliente.

Eu descobri que as 3 coisas mais importantes no design, do ponto de vista técnico, eram:

- Forma
- Tipo de material
- Isolamento

Por outro lado, essas características de design exatamente fizeram meu cliente ver que a caneca:

- não queime as mãos
- Mantenha o café quente
- Pareça comigo mesmo

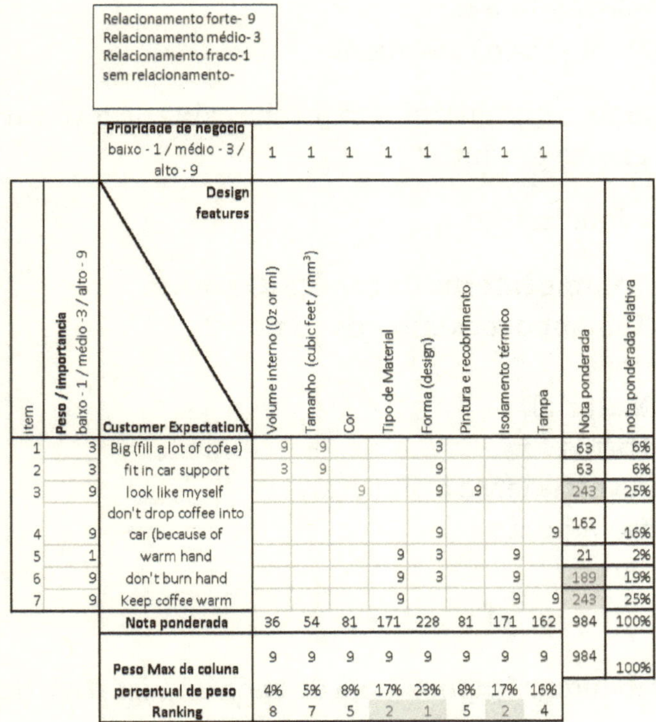

Relacionamento forte- 9
Relacionamento médio- 3
Relacionamento fraco-1
sem relacionamento-

Item	Peso / Importancia baixo - 1 / médio -3 / alto - 9	Customer Expectations	Volume interno (Oz or ml)	Tamanho (cubic feet / mm³)	Cor	Tipo de Material	Forma (design)	Pintura e recobrimento	Isolamento térmico	Tampa	Nota ponderada	nota ponderada relativa
		Prioridade de negocio baixo - 1 / médio - 3 / alto - 9	1	1	1	1	1	1	1	1		
1	3	Big (fill a lot of cofee)	9	9			3				63	6%
2	3	fit in car support	3	9			9				63	6%
3	9	look like myself			9		9	9			243	25%
4	9	don't drop coffee into car (because of					9			9	162	16%
5	1	warm hand				9	3		9		21	2%
6	9	don't burn hand				9	3		9		189	19%
7	9	Keep coffee warm				9			9	9	243	25%
		Nota ponderada	36	54	81	171	228	81	171	162	984	100%
		Peso Max da coluna	9	9	9	9	9	9	9	9	984	100%
		percentual de peso	4%	5%	8%	17%	23%	8%	17%	16%		
		Ranking	8	7	5	2	1	5	2	4		

É quase evidente que usar essa ferramenta para desenvolver uma caneca é como matar uma mosca usando um canhão. No entanto, este exemplo demonstra o quão útil e poderosa essa ferramenta pode ser para melhorar cada aspecto do seu produto, design ou negócio.

Ok Marlon. Isso parece muito teórico para mim. Como posso tentar outra abordagem prática?

Certamente, o próximo método que mostrarei a você é a ferramenta que você deve usar para coletar e avaliar dados, principalmente para os últimos métodos.

Método de experiência cega

Este método é uma ferramenta empírica incrível que ajuda você a melhorar a qualidade de seus produtos / serviços em poucas interações.

Você já ouviu falar sobre o efeito Placebo?

Nos desenvolvimentos médicos e farmacológicos, eles testam os efeitos dos medicamentos em humanos. No entanto, as pessoas são complexas e difíceis de medir. Por esse motivo, parte dos remédios para teste são os placebos. Eles se parecem com as pílulas reais, mas não são (podem ser açúcar, farinha etc.). Os únicos que sabem quais pílulas foram placebo são os pesquisadores.

No método da experiência às cegas, o efeito placebo é o motor condutor do método.

Este método consiste em 4 etapas:

Passo 1

Prepare 3 produtos / objetos em que cada um tenha características diferentes a serem avaliadas.

Você se lembra do serviço orientado ao cliente? Esse é o momento em que você pode aplicar muito.

É importante observar que a única coisa diferente entre os objetos deve ser o recurso.

Passo 2

Prepare 2 objetos **SEM RECURSO**.

Passo 3

Expõe apenas 3 produtos / objetos em um pequeno grupo de clientes (3 a 5 pessoas)

Tente selecionar todos do mesmo tipo de cliente. Dê preferência ao 3DP NFC.

Verifique qual deles eles mais gostam.

Passo 4

Substitua um dos produtos e repita a etapa 3 novamente até que as peças tenham sido comparadas.

Pode terminar em 5 a 7 interações.

No final, você terá a pontuação de cada recurso que está avaliando para poder classificar e aprimorar suas técnicas.

2 COMO MELHORAR A PRODUTIVIDADE E O SUPORTE

Certamente, os custos são extremamente importantes em um negócio, projeto ou design. Além disso, esse assunto é a diferença entre vida ou morte do ponto de vista econômico.

Como você aprendeu antes, os recursos percebidos e a qualidade percebida são os principais elementos que justificam seu cliente a gastar mais com seus serviços ou produtos.

Por esse motivo, você pode aumentar o preço oferecido sem comprometer o cliente.

Apesar disso, é importante não ficar preso à produtividade. Como isso é possível ?

Imagine esta situação:

Você começa a produzir um excelente produto que agrada ao seu cliente.

O preço do seu produto é de R $ 100,00 e você vende 10 produtos por mês. Imagine que você vende apenas este produto.

Portanto, a entrada de negócios é de US $ 1000 / mês.

No entanto, você gasta US $ 900 / mês para fabricar os produtos de acordo com a qualidade percebida.

- Aluguel de escritório - US $ 500 / mês;
- Eletricidade - US $ 100 / mês
- Material - US $ 200 / mês
- Papéis de revestimento / lixa / etc - US $ 100 / mês
- Amortização de equipamentos - US $ 100 / mês

No final, você terá um lucro igual a US $ 0 / mês.

Essa é uma situação difícil, não é?

Essa é a armadilha mais comum que ajudou a fechar 80% (cerca de) dos serviços de impressão 3D desde 2013. Mas não se preocupe. Vou ajudá-lo a escapar dessa ameaça.

Tudo bem, as 2 ferramentas mais importantes para aumentar seu lucro, além de criar uma impressão notável para o seu cliente (aumentar a dimensão da percepção) são:

- Técnicas enxutas
- Técnicas avançadas de fabricação

Técnicas Enxutas (Lean)

Essas técnicas nascem na Toyota e as ajudam a se tornar a maior empresa automotiva do mundo. Como conseqüência do grande sucesso dessas técnicas, quase todas as empresas automotivas adotaram técnicas enxutas hoje em dia.

A parte inacreditável desta história é que o principal núcleo das técnicas lean pode ser facilmente implementado por apenas três princípios:

- 5 s
- Estandardização
- Fluxo de valor

Além da imagem mental enganosa criada pela cultura popular. 5s não está limpando.

Então, o que é 5s e como usá-lo para melhorar minha produtividade.

O 5s é um método que implica na mudança de mentalidade de uma empresa inteira. É dividido em 5 etapas:

- Classificar (Seiri)
- Definir em ordem ou organizar (Seiton)
- Limpar (Seiso)
- Padronizar (Seiketsu)
- Sustentar ou auto-disciplina (Shitsuke)

1º passo (Classificar)

Nesta etapa, os principais objetivos são focar na redução da distração e aumentar a utilidade de ferramentas e equipamentos que geram valor.

Vou dar um exemplo de como a classificação ajuda você a melhorar sua produtividade. Imagine que as tarefas e ferramentas necessárias para fabricar um objeto são números.

Quanto tempo você precisa para contar quantos números existem na imagem antes de classificar.

Use o cronômetro para ajudá-lo.

Leva muito tempo?

Tudo bem, agora conte quantos números existem na imagem após a classificação.

Use o cronômetro para ajudá-lo novamente.

Quão rápido você terminou a tarefa?

Em média, a classificação reduz o tempo da tarefa em 10 a 50 vezes.

5) Inspeção e envio

Sem definir em ordem, o fluxo de trabalho é confuso, as pessoas entram em colapso e parece que não há espaço para fazer o que é necessário.

Nesse ambiente, as pessoas estão estressadas, cometem muitos erros e refazem as coisas o tempo todo.

O tempo gasto em cada tarefa é incrivelmente longo e o custo de produção é alto como consequência.

Por outro lado, definir em ordem o mesmo espaço e estação de trabalho causará um milagre.

O fluxo de trabalho se torna claro, curto e seguro. O ambiente fica limpo e as pessoas produzem mais rápido, mais feliz e mais saudável.

Por experiência, definir em ordem reduz o retrabalho e desperdícios em 80%, além de reduzir o tempo de produção em quase 40%.

Magicamente, o espaço se torna maior e menos claustrofóbico, para que as pessoas possam pensar e trabalhar melhor e mais rápido.

3º Passo (Limpar)

Nesta etapa, não se trata apenas de limpar o ambiente em que você trabalha.

Ok, mas não se trata de limpeza, de que senso de limpeza se trata?

Trata-se de manter o ambiente constantemente organizado, limpo e organizado.

Em outras palavras, fazê-lo brilhar significa que você deve **manter continuamente a classificação e a colocação em ordem**.

Obviamente, isso também indica que você deve limpá-lo diariamente, caso contrário, não poderá manter tudo organizado e classificado.

Outro ponto que torna o Senso de Limpeza tão importante é o fato de que a sujeira produzida pela impressão, acabamento e pintura em 3D põe em risco o estado final dos objetos que você fabrica.

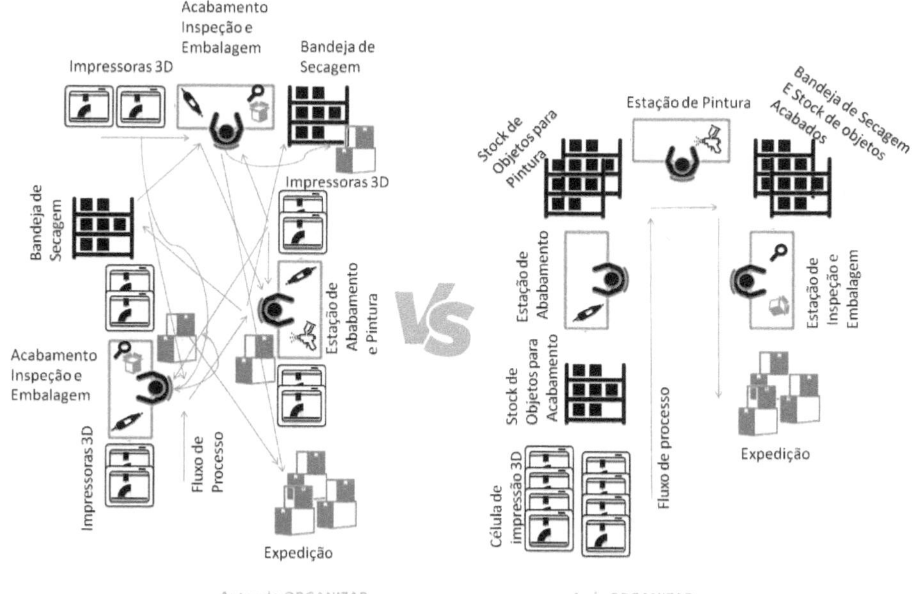

Imagine que você quer comer um delicioso cheesecake cremoso que foi feito por alguém que você considera que cozinha muito bem. Minha situação, posso dizer que essa pessoa é minha avó.

Você cheira a este cheesecake incrivelmente delicioso e agarra urgentemente o primeiro garfo que vê à sua frente e pega um pedaço deste bolo cremoso. Infelizmente, você pega um garfo sujo que foi usado para preparar cebola e queijo gorgonzola.

Instantaneamente você perdeu o desejo por este bolo, não é?

É provável que isso aconteça na criação de impressionantes objetos de impressão 3D. A sujeira estraga o objeto e o desejo de torná-lo notável.

Agora imagine a mesma situação descrita anteriormente. Mas, em vez de pegar qualquer garfo, seu fogão especial (minha avó no meu caso) traz uma fatia do bolo com um garfo e canela por cima. Oh meu Deus, estou quase chamando minha avó agora só porque a imagem que estou tentando descrever para você.

Tudo bem, para fazer o brilho acontecer, você terá que:

- Mantenha tudo em seu próprio lugar
- Limpe sujo frequentemente
- Verifique a manutenção dos equipamentos durante a limpeza.

Eu recomendo que você use uma técnica fantástica que muitos empreendedores geniais usam. A técnica Pomodoro é um método em que você trabalha continuamente sem perturbações durante um longo período de tempo (geralmente 25 minutos) e para durante um curto período de tempo (geralmente 5 minutos). Cada ciclo é um pomodoro.

Assim, a cada 3 pomodoro, você faz uma pausa de 15 minutos.

Fácil, não é?

Eu recomendo que você siga:

2 pomodoro trabalhando
1 limpeza de pomodoro, manutenção e planejamento das próximas tarefas

4º passo (Padronizar)

A padronização é uma das maiores ferramentas do setor. Permite obter repetibilidade, enquanto o objetivo principal desta etapa é criar e documentar procedimentos das últimas 3 etapas.

Em outras palavras, esta etapa visa criar sinais e procedimentos passo a passo que qualquer pessoa pode seguir, apesar de ser iniciante.

Portanto, mostrarei as orientações básicas para implementar a padronização em sua rotina diária:

- **Definir uma caixa de organização**: selecione apenas um tipo de caixa de organização e use-a para tudo
- **Etiquete tudo**: caixas, estações de trabalho, ferramentas, locais onde as coisas devem estar
- **Organizar tarefas de Limpeza**: defina áreas pelas quais todos são responsáveis. Além disso, defina um cronograma de limpeza em que todos trabalhem juntos.
- **Usar fotos**: use fotos para descrever procedimentos e lembre-se do progresso de uma semana para outra.
- **Pontuação e melhoria**: faça com que todos avaliem o ambiente e indiquem novas idéias para melhorar. Tente fazer isso em 15 minutos, reunindo-se a cada 7 a 15 dias.

5º passo (Manter)

Nesta etapa, o principal objetivo é garantir que o programa 5S continue funcionando, melhorando o ambiente e aumentando a produtividade.

Muitas opções são usadas nesta etapa. No entanto, apresentarei uma técnica fácil e tenho certeza de que funciona.

A reunião dos 5s com a diretoria kaizen (diretoria de melhorias) é uma técnica usada para registrar idéias de melhoria que pensamos brevemente, mas, devido ao trabalho diário, esquecemos.

Neste quadro, qualquer pessoa deve dar uma idéia a cada 2 semanas para apresentar na reunião 5s. A idéia é apenas escrever uma breve melhoria que possa ser implementada.

Lembre-se de que a reunião 5s é muito rápida (15 a 30 minutos), por isso recomendo que siga a sequência:

- Descrever o último status versus o status atual

- Definir a pontuação atual
- Apresentar notas do quadro Kaizen.
- Vote nas 1 ou 2 melhores notas do Kaizen
- O kaizen selecionado deve ser implementado nas próximas semanas
- Definir novas métricas para a avaliação a seguir
- Celebrar conquistas

O que deve ser incluído nos cartões Kaizen?

Em geral, pode ser qualquer coisa, mas os assuntos mais eficientes a serem tratados nesses cartões são baseados no método de 8 resíduos.

Os 8 Desperdícios

Neste método, a falta de produtividade é descrita de acordo com 8 tipos de resíduos:

1) Defeitos
2) Inventário
3) Movimento
4) Esperando
5) Processamento extra
6) Transporte
7) Superprodução
8) Talentos (habilidades) não utilizados

Pode-se notar que todos esses resíduos afetarão o custo de fabricação, qualidade e prazo de entrega.

Portanto, as notas de kaizen (melhoria) devem ter como objetivo resolver apenas um problema de cada vez. Depois de algum tempo, todos os assuntos serão abordados e seu produto (serviço) reduzirá custos e aumentará o valor percebido.

Vou dar um exemplo do conselho kaizen de uma das minhas primeiras empresas.

Estávamos produzindo objetos de impressão 3D em um volume muito alto e, de tempos em tempos, um fenômeno acontecia. Periodicamente, havia momentos em que nossa equipe estava sobrecarregada e momentos em que estavam absolutamente ociosos.

Como isso é possível? O fluxo de trabalho considerou que cada um terminou sua tarefa o mais rápido possível. Não importa o que.

O maior problema disso foi que o caminho mais rápido não era o caminho mais adequado, além de não ser o caminho mais eficaz.

Portanto, os cartões kaizen foram incluídos onde implementamos a ordem de produção que contava o tempo estimado para cada tarefa de todo o processo.

Portanto, foi possível organizar atividades semelhantes e criar um canal de trabalho diário.

Para implementar isso, tivemos que

- medir o tempo médio de cada tarefa básica de nossa base diária
- Crie uma ordem de produção que descreva todas as etapas necessárias para produzir um objeto / produto.
- Calcular o tempo de Takt (qual é o tempo mais longo que ainda agradará seu cliente)
- o Takt time = Horas disponíveis / demanda do cliente
- Crie a programação da tarefa para o dia com base no horário de Takt

Nesse caso, o equilíbrio entre as tarefas foi definido pela técnica **denominada OBD (Operator Balance Diagram).**

Neste método, o tempo que cada estação de trabalho ou operador (pessoa) gasta é apresentado para ver quem está sobrecarregado e quem está sobrecarregado. Portanto, é possível realocar alguém para ajudar em outra posição e compartilhar o fardo.

Técnicas avançadas de acabamento são uma questão muito complexa e, por experiência, causaram os resultados mais surpreendentes que pude obter.

A fim de obter consistentemente excelentes resultados aplicando técnicas avançadas de acabamento, criei uma diretriz que compila as técnicas mais avançadas que o levarão a tornar cada produto único impressionante.

Agora tenho uma notícia muito boa e uma ruim para você.

A má notícia é que as técnicas avançadas de acabamento são uma estratégia mais bem elaborada e não é possível explicar em apenas um capítulo do livro.

A boa notícia é que, todos os anos, lancei workshops gratuitos para mostrar como algumas das técnicas funcionam.

Se você deseja fazer sua inscrição gratuita, enviarei o cronograma do ano e você pode escolher qual data é melhor para você:

www.makeitstunning.com/workshop

Obviamente, a coisa mais interessante a fazer é começar a aplicar o conhecimento que você aprendeu neste livro, pois trará novas perspectivas para você usar no workshop.

Além disso, você também pode encontrar o manual das técnicas avançadas de acabamento para tecnologias de impressão 3D no livro:

Make It Stunning : A concise guide to finish 3D printing objects

Faça o impressionante : um guia conciso para finalizar objetos de impressão 3D

3 O SEGREDO DA CAIXA PRETA

Neste capítulo, mostrarei algo que você provavelmente estava prestes a descobrir. Como a estratégia orientada à qualidade funciona.

Nesta caixa preta, você pode aumentar os resultados aplicando alguns conselhos que mostrarei a você.

A primeira parte disso é criar o relacionamento com seu cliente. Nesse caso, você terá que trabalhar duro para criar soluções novas e inovadoras que os ajudem a criar produtos.

A implementação das técnicas que lhe apresentei neste livro sobre serviços orientados à qualidade consumirá muita energia. Mas vale a pena. Lembre-se sempre de que não é uma técnica de tiro único, é um processo progressivo que exige que você seja resiliente para implementar.

A segunda parte desse processo é entender exatamente quais são as necessidades e expectativas do cliente. Nesse caso, você precisa mostrar opções para coletar informações. Técnicas avançadas de qualidade foram introduzidas a você; portanto, comece a coletar dados e entender como os recursos de acabamento, os recursos de design e os de serviços afetarão seus clientes.

A última parte é exceder as motivações do cliente. Nesse caso, sempre indico que, após a entrega de um produto muito bom, ele se torna excelente quando você entrega em excesso ou quando oferece um recurso de presente que aciona a essência do seu cliente.

Como criar um Overdelivery bem-sucedido

Como vimos neste livro, cada cliente vê características que perfuram a natureza básica deles.

Portanto, o excesso de fornecimento precisa estar exatamente no "ponto g" de sua qualidade percebida.

Por exemplo, se você identificou que o cliente tem a tendência mais forte que aponta para a dimensão estética da qualidade, ofereça a ele um produto grátis com acabamento ou formato alternativo.

Se você tentar dar desconto a ele, não trará nenhum benefício.

Portanto, não trabalhe com margens de lucro baixas, caso contrário, o *overdelivery* não poderá ser feito. Eu sempre recomendo que meus clientes considerem 20% do lucro em soluções de superfornecimento.

Seja um caroneiro

É óbvio que você precisa ser criativo para criar novos produtos para outras pessoas. Portanto, crie uma vibe de desenvolvimento de produtos e crie seus próprios produtos.

Eles ajudarão você a criar um portfólio e a criar uma nova técnica por conta própria. Ajudarei você a testar e apoiar financeiramente seus investimentos incrementais.

Por exemplo, uma vez que desenvolvi um cabide exclusivo para um cliente. Porém, durante o processo de desenvolvimento, enfrentei várias idéias que não eram cabides, mas que poderiam ser desenvolvidas pelas mesmas técnicas usadas para produzi-lo.

Ótimo, não é?

Então, criei um quadro de idéias que qualquer um da minha

equipe poderia incluir novos cartões. Uma vez por semana, discuto com a equipe e eles podem produzir a ideia, vender e obter 90% dos lucros deste produto.

Além de ser uma ferramenta de motivação, cria um ambiente inovador, onde todos desejam criar seus produtos e vender on-line.

NOTEPAD

1 COMO SELECIONAR QUAL EQUIPAMENTO TRARÁ VALOR PARA VOCÊ?

Como a maioria dos empreendedores, cada centavo que você investe precisa transformar em lucro. Portanto, é normal começar a partir dos equipamentos básicos e atualizar seu local de fabricação na estrada.

Mas qual é a melhor estratégia para investir?

Depende da qualidade percebida de seus clientes.

Vou dar um exemplo de um dos meus clientes que se tornou amigo depois de algum tempo.

Eu o conheci em uma conferência quando estava apresentando novas técnicas para incluir soluções físicas no mundo digital.

Naquela época, leciono um curso sobre como projetar, montar e operar uma impressora 3D.

Durante a conferência, ele insistiu que eu lhe ensinasse um curso totalmente diferente. Ele conhecia o básico das impressoras 3D, mas não sabia como criar lojas de impressão 3D ou fábricas.

Depois que ele me convenceu a criar este curso, começamos a desenvolver um longo programa de consultoria. Neste programa, começamos com o básico, impressão 3D e depois de dominar as impressoras 3D, passaríamos para recursos e qualidade percebidos até o final.

Como conseqüência, o equipamento dele seria atualizado de acordo com a renda monetária e a compreensão do cliente (informações).

Foi uma jornada incrível, onde ele começou com 1 impressora 3D e terminou com 10 impressoras 3D, 1 copo, 1 estação de acabamento, 2 estação de fundição e 1 estação de pintura.

Notavelmente, tudo começou com a necessidade de peças de reposição automotivas. Os recursos mais importantes para seus clientes foram baseados em dimensões estéticas e de conformidade. Portanto, ele investiu em técnicas que aumentam as características estéticas e não comprometem dimensões e força. Naquela época, os recursos eram:

- Polimento espelhado
- Superfícies opacas e foscas
- Textura de diamante
- Textura aleatória
- precisão de dimensão
- força

Assim, a dimensão e a precisão foram as primeiras características que ele resolveu. O uso de filamentos de fibra de carbono com fornecedor homologado implica força e quase nenhuma distorção, mesmo em impressoras 3D de câmara aberta.

Depois disso, ele aplicou a estratégia de serviços orientados ao cliente e descobriu a estratégia de comprar o equipamento que obteria ótimos resultados.

Para superfícies opacas e foscas, ele adquiriu:

- Moedor de grelha de mão
- Estação de acabamento
- Para polir a superfície espelhada, ele investiu;

- Estação de pintura
- Aerógrafo e compressor
- toca discos
- Ganchos

Por outro lado, as texturas de diamante foram obtidas por ferramentas de serrilha e gravação que ele fabricou por ele mesmo.

Depois de algum tempo, ele atualizou sua estação de chegada com copos e pistolas de tiro, a fim de reduzir o tempo de chegada pela metade, além de aumentar a qualidade percebida.

Como este é um bom estudo de caso, recomendo que você siga as mesmas etapas, considerando que os recursos percebidos são os mesmos que ele encontrou.

2 COMO DECIDIR O QUE FAZER OU COMPRAR?

Fazer ou comprar é uma decisão difícil e incrível no negócio. Trazendo esse dilema para investimentos em equipamentos, a primeira coisa que imaginamos é COMPRAR. Infelizmente, várias vezes você não tem dinheiro para comprar o equipamento que deseja.

Nesse caso, existem vários projetos de código aberto que ajudarão você a dar um passo adiante.

Além disso, lembre-se de que sua empresa ou seu hobby é fazer coisas. Portanto, fazer implicará apenas tempo, fixará custos e matéria-prima.

Por exemplo, se você descobrir que uma máquina de gravação a laser trará um valor enorme para o seu produto. Você terá 2 opções:

Compre por US $ 500,00

Faça isso por: US $ 100,00 + 10 horas de trabalho.

Se você tem um estagiário para fazer isso, 10 horas de trabalho serão quase nada em comparação com o treinamento e remessa de US $ 500,00.

Por outro lado, se você tiver pedidos que trarão a você um lucro superior a US $ 400, comprar é a melhor solução.

Para encontrar um projeto de código aberto para montar um laboratório, eu sempre recomendo para iniciantes o livro:

Open-Source Lab: How to Build Your Own Hardware and Reduce Research Costs

Caso contrário, outros projetos avançados de código aberto relacionados a técnicas avançadas de acabamento são apresentados no livro:

Make It Stunning :A concise guide to finish 3D printing objects

Torne impressionante: um guia conciso para finalizar objetos de impressão 3D

Apesar de comprar ou fabricar, o mais importante é investir em equipamentos que agreguem valor ao seu produto.

3 VAMOS EM FRENTE

Sei que iniciar ou mudar a mentalidade da empresa não é uma tarefa fácil. Cada passo é difícil, mas, seguindo este passo a passo, toda a missão será mais fácil, não é?

Lembre-se do que eu disse antes:

"Na vida, algumas tarefas são fáceis, apesar de difíceis. Assim, aqui estamos nós.

O maior tiro neste caso é que eu estou lhe dando a ferramenta que você não precisa lutar e sofrer como eu fiz no passado. Portanto, você pode acelerar seu progresso e economizar energia para aplicar nos seus negócios e projetos.

→ Um passo além

Você chegou aqui? Eu tenho um presente especial para você!

www.makeitstunning.com/presente

NOTEPAD